知ろう！学ぼう！障害のこと

肢体不自由
のある友だち

監修 笹田哲
（神奈川県立保健福祉大学 教授／作業療法士）

肢体不自由のある友だちがいる君へ

　こんにちは。私は、障害のある方が健やかに生活できるように、心と体のサポートをしている作業療法士です。日々、障害のある子どもたちと向き合いながら、障害のある子どもに体の動かし方を教えたり、学校の先生に接し方を指導したりしています。

　肢体不自由とは、手足が短かったり、なかったりすることや、手足の筋肉、背筋や腹筋などの体を支える筋肉の力が弱いために、体を動かしにくい障害です。筋力の低下によって、話すことや食べることなどの生活動作が難しくなることもあります。障害の原因が脳にある場合は、知的障害をともなうこともあります。

　体のどの部分に不自由さがあるかは、障害の種類や程度によってちがいます。まわりの人から気づかれにくい人もいれば、普段から車いすや杖を使っていて気づかれやすいので、手助けを受けられる人もいます。不自由さを補うために人の手を借りることもありますが、ゆっくりと時間をかければ、自分でできることもあります。肢体不自由のある友だちに対して、むやみに同情したり、せかしたりすることはやめましょう。

　この本を通して、肢体不自由のある友だちが日常生活のどんな場面で困るのかを知ってください。そして、どう関わればいいのかを考えて、一緒に学び、成長していきましょう。

監修／**笹田 哲**（神奈川県立保健福祉大学 教授／作業療法士）

※「障害」の表記については多用な考え方があり、「障害」のほかに「障がい」などとする場合があります。
　この本では、障害とはその人自身にあるものでなく、言葉の本来の意味での「生活するうえで直面する壁や制限」ととらえ、「障害」と表記しています。
※肢体不自由は、「身体障害」「運動障害」などという呼び方もあります。この本では「肢体不自由」で統一しています。

もくじ

| インタビュー 自分の選んだ道で活躍する人 | 4 |

1. 肢体不自由って何だろう? ... 6
2. 肢体不自由ってどんな障害? ... 10
3. 肢体不自由のある友だちの気持ち ... 12
4. 進路と学校の取り組み ... 16

コラム 特別支援学校の取り組み ... 18

5. 苦手をサポートする器具 ... 20
6. 学校外での取り組み ... 24
7. 社会で働くために ... 26
8. 仲よくすごすために ... 28
9. バリアフリーを始めよう ... 33

世界で輝くアスリートたち ... 34
支援する団体 ... 36
さくいん ... 37

インタビュー 自分の選んだ道で活躍する人

小松原仁さんは、高校2年生のときの交通事故が原因で下半身まひになりました。現在は造船会社で事務職として働きながら、休日はドライブやつりに出かけるアウトドア派です。

Q.1 脊髄損傷になったのはいつですか?

A 高校2年生のときです。

オートバイの事故で、脊髄を損傷し、加えて右足のひざから下を切断しました。まひすると歩くことができないので、車いすで生活しています。障害のある人のための職業訓練校で学び、仕事に就きました。

Q.2 どんな仕事をされていますか?

A 造船会社で事務職をしています。

パソコンを使う仕事を中心に、同じ職場の人のサポートをしたり、お金の管理をしたり、新入社員のパソコンの初期設定をしたりなど、あらゆることを担当しています。絵が得意なので、社内で配られる新聞のさし絵をえがくこともあります。

車いすで生活している。

「NicoElNino/Shutterstock.com」

「パソコンのことなら、小松原さんに!」と会社で信頼されている。

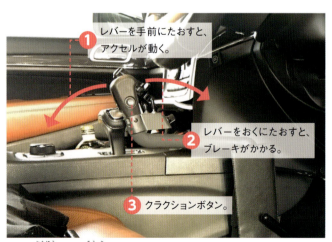

① レバーを手前にたおすと、アクセルが動く。
② レバーをおくにたおすと、ブレーキがかかる。
③ クラクションボタン。

車は、片方の手で操作できるようになっている。

Q.3 好きなことはなんですか?

A 外に出かけることです。

子どものころから、アウトドアの遊びが大好きでした。今でも学生時代の同級生と一緒にドライブやつりをしています。階段など、段差がある不便な場所では友だちが助けてくれます。カメラを買ってからは、風景や星を撮りに出かけています。

小松原さんの撮影した星空写真（撮影地：秋田県横手市）。

Q.4 中学生のころはどんな子どもでしたか？

A 体操部のキャプテンでした。

中学生のころはとにかく体を動かすのが大好きで、体操部のキャプテンをしていました。勉強はあまりできなかったけれど、国語の先生の影響を受けて、将来は国語か体育の先生になりたいと思っていました。

「kudla/Shutterstock.com」

「車いすのマークを見かけたら、必要な人にゆずってもらえると助かります」と小松原さんはいう。

Q.5 困っていることはありますか？

A 公共のトイレや駐車場で困ることがあります。

ひとりで外出すると、さりげなく手助けしてくれる親切な人がたくさんいるので、うれしく思います。一方で、多目的トイレや駐車場などを悪気なく使う人もいるので、障害のある人が必要なときに使えるように、マナーを守ってほしいと思っています。もし自分がみなさんと同じように小中学生だったら、がびょうや階段に困っていたと思います。がびょうで穴があいて車いすのタイヤがパンクしたり、移動教室がスムーズにできなかったりすると思うからです。

Q.6 小中学生へ向けてのメッセージはありますか？

A まわりにいる人を大切にしてください。

小中学生のみなさんには、夢を持って生きてほしいと思います。そして、その夢を実現するためには、まわりの人の協力が必要です。だから、ご両親や友だちなど、あなたのまわりにいる人たちを大切にしてください。

part 1 肢体不自由って何だろう？

肢体不自由とは、病気や事故といったさまざまな理由によって、自分の体を思い通りに動かすことが難しい状態のことです。

1 肢体不自由って何？

　手足や体のことを肢体といいます。肢体不自由とは、病気や事故などによって、手足などの体を動かすための器官が傷ついたり損なわれたりするために、長い間、日常生活を送るのが難しい状態にあることをいいます。体全体の動作が不自由な場合もあれば、右手や右半身だけが不自由な場合、あるいは左手や左半身だけが不自由な場合、両方の足が不自由な場合などがあります。

　原因は、人によってさまざまです。例えば、事故などで手足をなくしてしまった人や、病気のために筋力が低下していて、話すことや食べることなどの生活動作がうまくできない人もいます。また、脳に原因があって、自分の思い通りに体を動かせない人もいます。肢体不自由のある人の中には、知的障害をともなっていて、コミュニケーションを取ることが難しい人もいます。

　肢体不自由の程度も、人によって異なります。杖や車いすを使って生活している人もいれば、ひとりでは体を動かすことが難しく、介助を必要とする人もいます。また、使っている器具がまわりの人から見えない場合もあり、障害があると気づかれないこともあります。それぞれの人に合わせたサポートや配慮が必要なのです。

2 どうやって体を動かしているのかな？

　人は、手や足などの体の部位を動かすとき、手足などにある筋肉や、脳はもちろん、目や耳などのさまざまな感覚器官もあわせて使っています。

　例えば、手で物を取ろうとするとき、目で手と物の位置を見ます。そして、その目からの情報が視神経を通って脳に伝えられ、脳はその情報をもとに手をどう動かすかを決めます。脳は、手を動かすために信号を出し、その信号は脊髄や手の神経を通って動かしたい筋肉に伝わり、思った通りに手が動くというわけです。

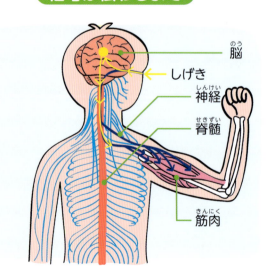

信号が伝わるまで

脳 / しげき / 神経 / 脊髄 / 筋肉

3 肢体の状態の例

　肢体不自由の症状の現れ方はさまざまですが、その代表的なものは、運動まひです。体中をめぐる神経に障害があるため、筋肉に力が入らないことや、力の入れ具合がわからなくて、思い通りに体が動かせない状態のことをいいます。

　また、肢体不自由には、不随意運動と呼ばれる症状が現れることもあります。この状態の人は、自分の意思とは関係なく、手が震えたり、足がくねくねしたり、手が変わった方向にねじれてしまったりします。

　また、症状というよりも体の状態を示すものとして、四肢の短縮欠損があります。手足が短い人や手足のない人がこれに当てはまります。

運動まひ

運動まひとは、病気または事故によって筋肉に力が入らなかったり、力の調節ができなかったりすることをいいます。運動まひがあると、自分の体を思い通りに動かせません。まひは、先天性のものと、後天性のものがあります。まひのある体の部位によって、4つに分けられます。

単まひ
右手、左手、右足、左足のどれかひとつにまひがある。

片まひ
右手と右足、または、左手と左足にまひがある。片まひは「へんまひ」とも読む。

両まひ
両手と両足にまひがあり、手に比べて、足の方の症状が重い。

四肢まひ
右手、左手、右足、左足にまひがある。

不随意運動

不随意運動とは、自分の意志とは関係なく筋肉に力が入ったり抜けたりすることをいいます。そのため、手が震えたり、腕がくねくねしたり、ねじれてしまったりします。例えば、じっとしていても急に体がビクッと動いたり、自分の思った向きとは、逆の向きに指先が曲がったりすることも不随意運動といいます。

四肢の短縮欠損

手足や指がなかったり短かったりするなど、変形している状態をいいます。生まれながらの先天性のものと、病気や事故による後天性のものがあります。四肢の短縮欠損のある人たちは、義手や義足と呼ばれる器具の使い方を練習すれば、自在に動かせるようになります。また、足が不自由なために自分で移動することが難しい場合は、杖や車いすなどを使います。

4 肢体不自由の原因は何かな？

肢体不自由の原因といわれている病気の中で、代表的なものは、脳に障害のある脳性まひ、脊椎に障害のある二分脊椎症、筋肉に障害のある筋ジストロフィーです。

脳性まひ	脳の障害
二分脊椎症	脊椎の障害
筋ジストロフィー	筋肉の障害

脳性まひ

脳性まひは、運動することや姿勢を保つことが難しい病気です。お母さんの妊娠中から生後1カ月までの間に、子どもの脳が何かの病気におかされたことが原因で、体のどこかが思い通りに動かせない状態になります。

肢体不自由のある人には、この脳性まひが原因だと考えられる人が多いといわれています。

脳性まひは、まひの強さや部位などによって、症状がちがっています。まわりの人から、障害があると気づかれないほど症状が軽い人もいれば、生涯、寝たままですごす人もいます。

動きの様子もさまざまです。筋肉のきんちょうが強いために、体がつっぱってしまって思い通りに動かせない症状もあれば、姿勢を保とうとするときや動こうとしたときに、勝手に手足や顔が動いてしまう不随意運動が起こる症状もあります。不随意運動には、いくつか種類があり、手足や頭をくねらせるような動きをすることをアテトーゼといいます。

まひが現れる場所によって、杖や車いすなど、さまざまな器具を使って、移動する友だちもいます。

知っておこう 脳性まひと知的障害

脳性まひのある人は、ことばがなかなか出なかったり、発音がはっきりしなかったりするために、「話すことができないのかも」「こちらの言っていることが理解できないのかも」と誤解されてしまうことがあります。脳性まひは、脳の働きの障害です。中には知的障害をともなう人もいます。しかし、脳性まひのある人がすべて知的障害をともなうわけではありません。

スムーズに話すことが難しい人も多くいますが、相手のことばをちゃんと聞いて、自分の意志を持って考えることができる人もたくさんいます。伝えることが苦手なだけなので、心の中は障害のない人と同じであることを忘れないようにしましょう。

二分脊椎症

脳性まひ以外で、運動などの機能にまひを起こす病気に、二分脊椎症や筋ジストロフィーなどがあげられます。二分脊椎症とは、脊椎の一部が生まれつき欠けている病気です。二分脊椎症があると、運動や感覚の機能にまひが生じる場合があります。

脊椎のどの部分に起こるかで症状はちがいますが、特に、腰から下に起こることが多くあります。正常であれば、脊髄が脊椎の管の中に保護されていますが、この病気は脊椎の一部が開いて脊髄が外に出た状態になってしまうため、まひが起こります。

筋ジストロフィー

筋ジストロフィーとは、生まれながら遺伝子に問題があるため、筋肉の繊維がこわれやすくなっている病気のことです。

筋ジストロフィーにはいろいろな症状があり、症状が出る時期もさまざまです。共通する症状は、筋力がだんだん弱っていくということです。

筋力が弱っていくと、運動すること、話すこと、食べること、呼吸することなどがだんだんと難しくなってきます。日本では、難病に指定されています。

筋ジストロフィーの種類

福山型先天性筋ジストロフィー

生まれたときから発症している病気です。特徴は、首の座りが悪く、寝返りやお座りなどがうまくできないことです。知的障害をともないます。

デュシェンヌ型筋ジストロフィー

主に男の子に発症する病気です。ほかの子に比べて転びやすい、走るのがおそいなどといった特徴が現れ、小学校に入るころに病気だと気づかれることが多くあります。車いすが必要になるのは、中学生くらいからです。

ベッカー型筋ジストロフィー

主に男の子に発症する病気です。転びやすく、走れない、階段をのぼれないなどといった、歩行に関する特徴が現れ、5〜10歳ごろになって病気だと気づかれることが多くあります。車いすが必要となるのは、20代後半くらいからが多いようです。

肢帯型筋ジストロフィー

太ももや腕の上の方、お尻とそのまわりの筋力が下がる病気です。腰や肩が脱臼しやすくなり、10代になってから病気だと気づかれることが多くあります。ほかの筋ジストロフィーの例と比べると、筋力はゆるやかに低下していきます。

part 2　肢体不自由ってどんな障害？

肢体不自由のある友だちは、「座る」「歩く」「食べる」といった、日常生活における動作がうまくできないことがあります。それは、脳や筋肉、脊髄をはじめとする、体の一部に障害があるからです。

1　肢体不自由のある友だちが苦手なこと

座ること

同じ姿勢を保つことが難しいため、いすにまっすぐ座っていられずに体がななめになったり、いすからずり落ちてしまったりすることがあります。

- 姿勢を安定させて座ることが苦手
- 長い時間、座ることができない

歩くこと

病気や事故で足を失った友だちや、生まれつき足がないか短い友だち、神経がまひしているために自分の足で歩けない友だちがいます。歩行器や杖、車いすを使っています。

- 歩行器を使って移動する
- 杖を使って歩く
- 車いすで移動する

食べること

かむ力や飲み込む力の弱い友だちがいます。また、手が短かったり、なかったりするため、上手にスプーンやはしを使って食べることができない友だちもいます。

- 自分の手でスプーンやはしを使えない
- 食べ物をうまくかめない
- 食べ物や飲み物、だ液をうまく飲み込めない

着替えること

生まれつき手や指の長さが短いため、ひとりで着替えができない友だちがいます。また、筋力が弱い友だちやまひがある友だちも、ひとりでうまく着替えることが苦手です。

- 手や指が短くて着替えができない
- 手がまひしているので着替えができない
- 不随意運動があるので着替えができない

物を持ち運ぶこと

手が短かったり、なかったりするために、ひとりで物の持ち運びができない友だちがいます。また、筋力が弱いか、まひがあるためにできない友だちもいます。

- 手が短くて物の持ち運びができない
- 筋力が弱いので物の持ち運びができない
- 手がまひしているので物の持ち運びができない

字を書くこと

生まれつき手や指の長さが短い友だちは、えんぴつをうまく持つことが苦手です。筋力が弱いか、まひなどがある友だちは、手や指を安定させられず、文字を上手に書くことが苦手です。

- 手が短くてえんぴつが持てない
- 手がまひしているのでえんぴつが持てない
- 不随意運動があるので思った通りに文字が書けない

考えてみよう　こんな かんちがい していないかな？

- ☐ 授業を受けるのがいやだから、だらっとした姿勢をしているのかな？
- ☐ いつもよだれを出しているけど、どうして治せないんだろう。
- ☐ うなるような声をだしているのは、わざとかな？
- ☐ 聞いても話さないのは、耳が聞こえていないからかな？

part 3

肢体不自由のある友だちの気持ち

肢体不自由のある友だちには、日常生活の中で困っていることがいろいろあります。ここで、さまざまな場面での友だちの気持ちを考えてみましょう。

1 いつもよだれを垂らしているよ
片まひのある友だち

ジロジロ見られたり、ひそひそ話をされたりすることがよくあるんだけど、そういうのがいちばん傷つくのよ。

体にまひのある友だちは、手足を動かすこと以外にも、姿勢を正しくしていることも口を閉じていることも難しいのです。

考えてみよう　どうして不随意運動は誤解されやすいの？

脳性まひなどが原因で、体にまひがある人は、顔や手足などが自分の意思とは関係なく動いてしまうことがあります。これを不随意運動といいます。体のどの部分に不随意運動があるかで、症状の現れ方が変わります。例えば、顔に不随意運動がある友だちは、よだれを垂らしてしまう、ことばがうまく話せないなどの症状があります。

このような様子を見かけたとき、「どうしたんだろう」と気になる人もいると思いますが、立ち止まってジロジロ見たり、怖いからといって、見て見ぬふりをしたりするのはやめましょう。どちらもわざとではなく、体の機能の問題なのです。相手の気持ちを考えて、からかったり非難したりしないようにしましょう。

② 2つの杖を持っているよ
両まひのある友だち

歩くときは両手に杖を持っているから、すれちがう人はびっくりするような目で見るよ。そんなにジロジロ見ないでよ。

下半身にまひがあって、ひとりで歩くのが難しい場合は、杖で体重を支えて、歩くときのふらつきを防いでいます。

③ 変わった歩き方をしているよ
両まひのある友だち

杖を使うこともあるけれど、自分の力だけでも歩けるよ。でも、足が重いから、すぐ内またになっちゃうの。

病気のせいで筋肉の力が弱くなると、歩くときにバランスがとりにくく、とても疲れやすくなります。そのために姿勢が悪くなります。

④ うなり声をあげているよ
アテトーゼ（不随意運動）のある友だち

ちゃんと話しているつもりなんだけど、うなり声みたいになっちゃうんだよ。わざとじゃないから、怖がらないで。

顔の半分に不随意運動があると、話そうと思っても口がうまく動かないので、ことばの内容が聞き取りにくくなります。

⑤ にらんでいるのかな
アテトーゼ（不随意運動）のある友だち

あ、あの髪かざり、かわいいな！　私、ああいうのが前から欲しいと思っていたけど、うまく伝えられないの。

何かを見るときは、たいてい見る方向に顔を向けるものです。しかし、顔に不随意運動があると動かしにくいので、視線だけを向けてしまいます。ほかの人からは、にらんでいるように見えることがあります。

6 近づいたらたたかれた！
アテトーゼ（不随意運動）のある友だち

後ろから声をかけられると、びっくりしちゃって、体が勝手に動いちゃうんだ。わざとしているわけじゃないんだよ。

病気のせいで、おどろいたりすると、腕や足が自分の意思とは関係なく動いてしまうことがあります。

7 ことばを理解できないのかな？
アテトーゼ（不随意運動）のある友だち

うまくしゃべることはできないけれど、頭で考えたり、心を痛めたりするのは、ほかの子と変わらないよ。今は、昨日見た野球の話をしたかったんだ。

顔に不随意運動があると、知的障害がないにもかかわらず、ことばがなかなか出なかったり、発音がはっきりしなかったりすることがあります。

part 4 進路と学校の取り組み

肢体不自由のある友だちは、日常動作がどれだけできるかといった障害の程度によって、学校の選び方やその後の進路が変わります。

1 特別な支援の中で学ぶ特別支援教育

特別支援教育とは、障害のある子どものための教育のことです。肢体不自由のある子どもが学ぶ場所は、小中学校の通常学級や通級、特別支援学級、特別支援学校などがあります。

学校に入学する前年には、市区町村の教育委員会で就学相談が行われます。肢体不自由のある子どもと、その保護者は、そこでどんな学校に通うかを相談し、障害の程度に合った学校を選びます。

2 肢体不自由のある友だちの学ぶ場所

肢体不自由のある子どもが小中学校に進学するときは、障害の程度で選ぶ学校がちがいます。

杖やエルボークラッチ（21ページ）などの器具を使えば、ある程度歩行などができる場合には、通常学級に通ったり、通常学級に通いながら、週に1回ほど通級に行ったりします。この場合、学級担任だけでなく、学校全体で障害について理解し、その子に合った授業の進め方などを相談して、複数の先生が学校生活をサポートしています。

知的障害をともなう場合は、特別支援学級や特別支援学校に通います。特別支援学級は小学校の中にある、障害のある子どもたちが通うクラスで、特別支援学校は肢体不自由を含む身体障害や知的障害などのある子どもたちを対象とした学校です。

特別支援学級も特別支援学校も、障害に合わせてかんきょうを整え、ひとりひとりに対応した指導をしています。

小中学校内にある障害のある子どものための学級
- 通級
- 特別支援学級

障害のある子どものための学校
- 特別支援学校

知っておこう 院内学級で学ぶ友だち

病気で長く入院している友だちや、治療を継続する必要があって、病院に通う回数が多い友だちのために、病院内に学級を設置しているところがあります。病院内にある特別支援学級のことを「院内学級」と呼びます。院内学級を利用していた友だちは、退院すると、もともと通っていた地域の学校に戻ります。

3 肢体不自由の友だちの進路

　肢体不自由のある子どもが中学校を卒業したあとに学ぶところは、いくつかあります。例えば、高等学校や高等専門学校、専修学校、仕事につくための学びの場である職業訓練校（27ページ）などです。

　小中学校で特別支援学級や通級で学んでいた友だちは、高校生になると通常学級で学ぶか、特別支援学級で学ぶかを選びます。これまでは、高等学校に進学する特別な支援が必要な子どもの多くは、夜間に学ぶ「定時制」や、家で学ぶ「通信制」に入学していました。

　しかし、近年では、昼間にも障害のある人向けの特別なクラスを設ける学校が増えています。そういった学校は、「チャレンジスクール」などと呼ばれています。

小学校・中学校

通常学級
障害のない子どもたちと同じクラスで授業を受ける。障害のある子どもには、その子に合った授業内容や指導方法を工夫する。

通級
通常学級に通いながら、週1～数時間ほど通う教室のこと。学習面のサポートや人との関わり方、集団でのルールなどを学ぶ。

特別支援学級
小中学校の中に設けられていて、障害のある友だちのための特別な授業をする学級。

中学校卒業後の進路

高等学校
平日の昼間に授業をする全日制や、夜間の定時制、昼間も開講する定時制のチャレンジスクールなどのほか、家で勉強する通信制もある。

高等専門学校（高専）
高等学校と専門学校を一体化させた学校。修業期間は高等課程3年と専門課程2年の計5年。

専修学校
働くために必要な専門的な授業をし、加えて、生活に必要な能力や教養を身につけるための教育をする学校。学校によって、芸術系や福祉系、医療系など、学ぶ内容が変わる。

特別支援学校

小学部・中学部・高等部
障害のある友だちが通う学校。障害の様子に合わせた教材などを使った特別な授業をする。また、日常生活が送りやすくなるように、手先の使い方や、障害に合わせた食事や着替えの仕方など、暮らしに関係のある指導もする。肢体不自由のある子どもは医療的なケアが必要なこともあるので、病院と連携している。

特別な授業とは…
肢体不自由のある子どもに対しては、歩行や筆記などに必要な身体の動かし方などを教える。障害の状態に応じて適切な教材・教具や、コンピューターなどの情報機器を使って、学びやすくなるように工夫している。

コラム 特別支援学校の取り組み

えびな支援学校は、神奈川県海老名市にある特別支援学校です。小学1年生から高校3年生までの知的障害や肢体不自由のある子どもたちが学んでいます。

1 神奈川県立えびな支援学校とは

えびな支援学校の肢体不自由部門のクラスには、脳性まひや、二分脊椎症、筋ジストロフィーなどの障害のある友だちがいます。中には、知的障害などのほかの障害をともなう友だちもいます。

学校では、それぞれの苦手なことに対してサポートするために、補装具を身につける友だちもいます。先生たちは、授業の内容を工夫したり、手づくりの道具を用意したりして、授業をしています。

クラスは少人数制です。ひとりひとりの子どもの特徴に合った指導計画を立てて、進学から社会参加、自立までをサポートしているのです。

2 校舎の中を見てみよう

広い廊下

車いすや杖で歩きやすいように、バリアフリーの構造になっています。例えば、廊下を広くつくり、段差や急な坂をなくしています。

運動できるスペース

1～3階には、プレイホールやデッキ、テラスなど、開放的なスペースが設けられています。それぞれのスペースには、ブランコやハンモックなど、体のバランスを取るトレーニングができる遊具があります。

3 えびな支援学校の1日

朝の会
1日のスケジュールをみんなで確認します。聞くだけでなく、目で見てわかるように、ボードを使って説明しています。

授業風景
障害の程度に合わせて体の使い方を教えます。車いすや杖、義手や義足などの使い方も学びます。

月曜日の時間割

9:00	朝の準備・体つくり
9:40	朝の会
10:10	数・ことば・給食準備・マイチャレンジ
11:30	給食
12:50	ふれあいタイム
13:20	図工
14:30	帰りの準備・帰りの会
14:50	下校

マイチャレンジ
得意分野を伸ばしたり、課題をこなしたりするための学習を個別に行っています。

楽しい行事 よつば祭
えびな支援学校で秋に開かれる文化祭。学校の施設を開放して、近隣学校の高校生や地域の住民を招きます。高等部の生徒がつくった野菜やクッキーの販売、動物ふれあいコーナー、演奏会などがあるので、にぎやかです。

インタビュー
先生からのメッセージ

えびな支援学校 肢体不自由児 小学部統括教諭 羽賀晃代先生

　肢体不自由のある子どもたちは、自分でできることはやりたい、みんなと同じように一緒に活動したいと思っています。だから、手助けするときはまず声をかけて、その子がどうしたいのか、どうしたら一緒にできるのか、一緒に考えてくれるとうれしいです。

　中には、片方の足がないなど、身体的な特徴のある子どももいます。それを悪気なく言われて、傷つくこともあります。

　どうかお願いです。人がいやがることはしない、言わないようにしてください。そして、ひとりひとりが相手の立場に立ち、やさしい気持ちを持ちながら、おたがいに助け合っていける人になってほしいと思っています。

part 5 苦手をサポートする器具

肢体不自由のある子どもが日常生活を送りやすくするために、さまざまな障害に対してサポートする道具があります。その一部を紹介しましょう。

1 移動を助ける器具や動物

車いす

足が不自由などの理由で、歩くことが難しい人が移動するための道具です。車いすにはいくつかタイプがあり、障害の状態に合わせて選びます。車いすは大きく分けると、手動車いすと電動車いすの2種類があります。手動車いすはさらに、自分の力で車輪を回す自走式と、つきそいの人がうしろから押す介助式に分かれています。自走式には、標準型、リクライニング型、スポーツ型などがあります。

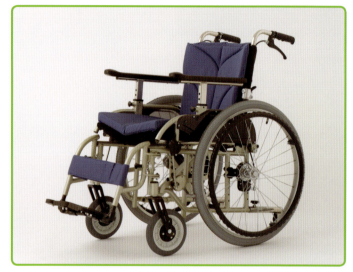

「TAGSTOCK1／Shutterstock.com」

ここが知りたい　車いすの各部名称

手押しハンドル

介助用ブレーキ
介護する人が車いすを移動・操作するときに使う。

ひじかけ（アームレスト）
ひじから先の腕を乗せる部分。

ハンドリム
後輪の外側をハンドリムといい、この部分を握って後輪を回す。自分で車いすを操作するときは、ハンドリムを握って後輪を回す。

後輪

ブレーキ
駐車しておくときに、車いすに乗っている人が使うブレーキ。

フットレスト
車いすに乗る人の足を乗せる。

前輪（キャスター）
方向転換ができる車輪。360度回転する。

SRC（エスアールシー）歩行器

立った姿勢を保ちながら、歩行を助ける器具です。自力で移動できないほど障害の重い友だちが使います。体を前にかたむけて歩行器に体を預け、地面を足で蹴って進みます。サドルとベルトが上半身を支えて、体を安定させます。使うときはサドルに腰かけて、両腕をテーブルに乗せます。足に体重がかからないので、足が動かしやすくなります。

矢印の方向に体を向けて動かします。

矢印の方向に体を向けて動かします。

PCW（ピーシーダブリュー）歩行器

体のうしろ側と左右を支えながら、足を動きやすくして、歩行を助ける器具です。支えがあればひとりで立ち上がり、つかまり立ちができる友だちが使います。うしろに倒れそうになったときに後輪にブレーキがかかるので、歩行器が体を支えてくれます。

エルボークラッチ

腕の上の方を安定させるアームカフがついている杖。グリップの部分を握って使います。杖があれば自立歩行ができる友だちが使っています。アームカフがあるので、安定して杖に体重をあずけやすくなっています。

アームカフ
輪になっている。腕を通して安定させる、固定具。

グリップ
手で握る部分。

介助犬（かいじょけん）

体の不自由な人を助ける動物もいます。介助犬とは、「補助犬法」によって、お店や病院などの多くの人が利用する施設で、障害のある人のパートナーとして認められた犬です。体が不自由な人のために、落としたものを拾う、ドアの開閉を手伝うなど、日常生活の手助けをします。

「Cylonphoto/Shutterstock.com」

2 日常生活で使う器具・道具

義手・義足

義手は、手がないか短い人が手のかわりにするためにつける器具のことです。義足は、足がないか短い人が歩行などができるようにつける器具のことです。

絵カード

声以外で自分の意思を相手に伝えるための道具です。「何を」「どうしたい」の順番でカードを並べて、相手にわたして使います。

・音声で意思を伝えるVOCA（ヴォカ）という道具もある
・スマートフォンのアプリを使う友だちもいる

クッションチェア

肢体不自由のある友だちで、姿勢を正しく保つことが苦手な場合は、背もたれやひじ置きなどがあるいすを使います。おしりが前にずり落ちてしまうこともあるので、ベルトがついているものもあります。

マジックハンド

車いすに乗っている友だちが、手の届かない位置にあるものや、下に落としてしまったものを拾うときに使います。フックがあるものと、ないもの、じしゃくがついているものと、ついていないものなど、さまざまな種類があり、必要な場面に応じて使い分けます。

・ペットボトルのような、丸みをおびたものも取れるので便利です。
・じしゃくがついているものは、クリップなどを拾うこともできます。

片手リコーダー

手に障害があり、両手を使うリコーダーの操作がうまくできない友だちのためのリコーダーです。右手または左手だけで操作できます。

右手用のソプラノリコーダー。

3 まちの中のバリアフリー

階段昇降機

駅や公共施設に設置されている、階段の上り下りを手助けする機械です。駅には、車いすに乗ったまま利用できるものが置かれています。急な階段に対応できるものや、曲がった階段、4階の高さまで運ぶことのできる階段昇降機もあります。子どもから大人まで、広い世代の人が利用できます。

スロープ

車いすで移動しやすいように工夫された、ゆるやかな傾斜のことです。車いすを操作しやすいように幅を十分にとり、曲がり角は車いすが回転しやすいように、広めにスペースがつくられています。

「MIA Studio/Shutterstock.com」

ここが知りたい ユニバーサルデザインって何?

「障害のある人だけでなく、個人差、国籍のちがいなどがあっても、すべての人が使いやすいもの」という思いのもとにつくられたのが、ユニバーサルデザインです。身近なところでは、シャンプーとリンスの区別がしやすいボトルのギザギザ、持ちやすくするためにペットボトルにつけられたくぼみなどがあります。まちの中では、細やかに手先を使うことが苦手な人でも使いやすいように、硬貨が一度に複数枚入れられる自動販売機や、車いすを利用している人でも手が届くように、ボタンが低い位置につけられているエレベーターなどがあります。

ユニバーサルデザイン7原則

❶ だれでも公平に利用することができる
❷ 使う上で自由度が高い
❸ 使い方が簡単で、直感的にすぐに使える
❹ 必要な情報がすぐに理解できる
❺ うっかりしても、エラーや危険につながらないデザインである
❻ 無理な姿勢をとらなくても、少しの力で楽に利用できる
❼ アクセス(近づくこと)しやすいサイズや空間になっている

ノースカロライナ州立大学デザイン学部・デザイン学研究科　ロナルド・メイス提唱

part 6 学校外での取り組み

それぞれの地域では、肢体不自由のある人をサポートする機関がたくさんあります。それぞれの機関は、おたがいに協力して、子どもたちを細やかに助けています。

1 地域ではどんなサポートをしているの？

それぞれの地域では、肢体不自由のある子どものための施設があります。施設は市町村によって呼び名がちがっていて、「リハビリセンター」などとも呼ばれています。このほかにも、児童相談所や福祉事務所など、さまざまな相談機関があります。

また、施設や相談機関には、臨床心理士や医師、義肢装具士などの専門家がいて、肢体不自由のある子どもの発達の様子や関わり方を相談できます。

医師は問診や検査によって、障害の状態を確認します。そして、専門家はその子の苦手なことについて少しでも負担が軽くなるように、アドバイスや指導をしています。

医師
小児科医、小児神経科医、小児外科医など。障害を見極めて、治療する。

臨床心理士
心理学など、専門知識があり、心理相談やカウンセリングをする。

言語聴覚士
ことばの障害、きこえの障害、食べる機能の障害がある人を助ける。

理学療法士
起き上がる、寝返る、立つ、座るなどの基本的動作ができるようにサポートする。

義肢装具士
肢体不自由のある人に合った義手や義足をつくる。

作業療法士
日常生活の動作から遊びや学習まで、あらゆる動作ができるようにサポートする。

看護師
医療的なサポートが必要な子どもの様子を見守る。

（中央）肢体不自由のある子ども

2　東京都の取り組み

東京都の特別支援学校では、就業体験や他校との交流および共同学習などを行っています。こういった授業は、障害のある友だちが将来、自立して生活していくために必要な社会経験のひとつになっていきます。

仕事調べ学習

移動教室や修学旅行先で働くスタッフの仕事の種類や内容について学習します。事前学習でしおりをつくり、どのような仕事があるのか、スタッフにどんな質問をしたいかなどをまとめて、実際にインタビューします。そして、事後学習でレポートにまとめます。

教科の交流および共同学習

近隣の小学校との交流および共同学習を月に1回程度実施しています。同学年の友だちと意見や考えを交換する機会となり、教科学習の内容だけでなく、情報活用能力や意思決定能力を養う場としても、活用されています。

チャレンジセミナー

寄宿舎を使用して、就業者または大学進学者などとの交流活動や進学・就業体験などを行い、生徒の「仕事」に関する興味・関心を高めます。都立の肢体不自由特別支援学校が連携して実施しています。

ここが知りたい　ボランティアに参加しよう

ボランティアは、誰かにいわれてすることでもなく、誰もがしなければいけないことでもありません。「人や社会の役に立ちたい」という気持ちになったときに、自分のできることを探してみてください。

障害のある人やお年寄りにどんなボランティアができるかを知りたいときは、市区町村や保健センターなどに問い合わせてみましょう。障害のある人の身のまわりのお手伝いをするには、よく18歳以上という条件がつきますが、小中学生のみなさんができるボランティアもあります。

part 7 社会で働くために

肢体不自由のある友だちは、社会で働くためにいろいろな準備をしています。社会で働くために、今からできることを知っておきましょう。

1 肢体不自由のある人の働く場所

「働く」ことは、人間として成長する手段であり、生きがいにつながります。肢体不自由のある人もまた社会で働き、活躍しています。厚生労働省の2015年の調査によると、ハローワークを通じて求職を申し込んだ障害のある人のうち、約48％が就職しています。そのうち、肢体不自由のある人を含む身体障害のある人の就職率は、約44％です。

肢体不自由のある人にとって働きやすい職場かんきょうとは、バリアフリー（33ページ）やユニバーサルデザインの考えが行き届いている場所だといえます。障害のある人を雇っている企業では、そういった視点でさまざまな工夫をしています。

例えば、車いすでも仕事ができるように、高さを自由に調整できる机を設置したり、机からスムーズに移動できるように机と机の間を広めにとったり、電源コードにひっかかることのないようにコードの上にカバーをかぶせたりしています。

知っておこう 障害のある人の就職を助ける仕事　NPO法人 障害者雇用部会の取り組み

NPO法人障害者雇用部会は、神奈川県を中心に活動している団体です。自閉スペクトラム症を中心に、知的障害や精神障害、肢体不自由などの障害のある人たちの支援やフォローをしています。

活動内容は主に4つあります。1つ目は、企業や学校に向けた講演会や勉強会の開催。2つ目は、企業と一緒になって雇用の場をつくる活動。3つ目は、生徒向けの企業体験実習をすること。そして4つ目は、支援ネットワークをつくる活動です。

会社や福祉関係者、教育関係者などが集まり、ノウハウや知識を集めて、障害のある人が働きやすい職場を見つけるサポートをしています。

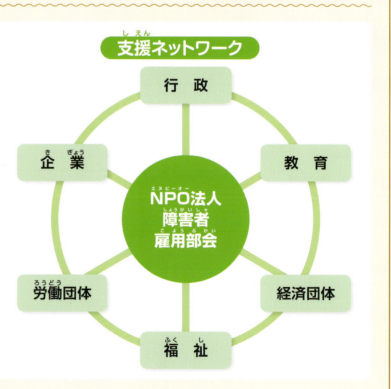

支援ネットワーク：行政、教育、経済団体、福祉、労働団体、企業 ― NPO法人 障害者雇用部会

2 肢体不自由のある人はどんな仕事をしているの？

厚生労働省の2013年の調査によると、肢体不自由のある人の就職している職業は、1位が事務的な職業、2位は運搬・清掃・包装などの職業、3位は専門的・技術的職業、4位は生産工程の職業です。多くの人たちが得意なことをいかして働いています。

肢体不自由のある人は、体の一部や運動機能に障害があるため、日常生活の動きの中で、できることとできないことがあります。障害の程度によって、車いすや杖、義手や義足などといった器具が必要な人もいます。

それをふまえて、企業は、通勤時間をその人の体調に合わせたものにすることや、車いすを動かしやすいようにバリアフリー（33ページ）にするなど、障害のある人が働きやすくなるように心配りをしています。その効果があり、以前よりも障害のある人が働きやすく変化した職場が多くなっています。

3 職業訓練校

職業訓練校とは、就職するために必要な知識や技能を身につける学校です。障害のある人もない人も、条件が合えば入学できます。ここでは、中学校や高校、特別支援学校を卒業した、肢体不自由や知的障害、精神障害、発達障害のある人が学んでいます。

クラスは、情報処理系、医療事務系、グラフィック系など、職業別に分かれています。クラスによって、パソコンを使ったデスクワークやパンのつくり方など、学ぶ内容は変わります。卒業後にすぐ働くことができるようなかんきょうも整っていて、卒業の時期が近づくと、就職先を紹介してくれたりもします。

4 仕事の技能を上げる場

肢体不自由をはじめとして障害のある人の多くは、就職に向け、職業訓練校などで仕事に必要なさまざまな知識や技能を身につけていきます。障害のある人たちが仕事の技能を競う場として、「アビリンピック」という大会があります。そこでは、パソコンの操作などの事務処理能力に関する技能や、洋裁や電子機器の組み立てなどのものづくりに関する技能を競っています。

アビリンピック（ABILYMPICS）とは、「アビリティ」（ABILITY・能力）と「オリンピック」（OLYMPICS）を合わせたことばです。この大会は、障害があったとしても努力をすれば、働くために必要な技術をみがくことができるということの証明の場でもあります。また、障害のある人が仕事に必要な能力を高めるだけでなく、企業や社会の人たちが障害のある人への理解を深めることにも役立っています。

知っておこう　身体障害者手帳

身体障害者手帳は、肢体不自由や視覚障害など、体のどこかに障害のある人を助けるために、都道府県や市町村から交付されている手帳です。

手帳を見せると、障害の種類や程度に合わせて、さまざまな配慮や福祉サービスが受けられます。例えば、器具を購入するときに助成金を受けられたり、交通機関の運賃割引を受けられたりします。ほかにも、就職をするときや公共機関での手続きのときに使うことができます。交付には、医師の診断書が必要です。

part 8 仲よくすごすために

肢体不自由のある友だちには、苦手なことがいろいろあります。しかし、まわりが障害の特徴を理解して上手につき合っていけば、苦手なことも克服できる力を持っています。

1 こんなことから始めよう

人々がおたがいに仲よく生きるための考えのひとつに、ノーマライゼーションということばがあります。障害のある人や高齢者がまわりの人と対等に生きられる社会を実現するために、社会や福祉かんきょうを整備して、助け合い、行動するという考え方です。

そんな社会の実現のために、小中学生のみなさんが今できることを考えてみましょう。例えば、本などで障害の特徴を理解し、障害は個性のひとつだと知ることや、障害のある子とおたがいに協力し、助け合い、しんらいできる人間関係をつくることなど、いろいろあります。社会の中で、誰もが平等に生活が送れるように、今できることを始めましょう。

まわりの様子を伝える

車いすや杖を使っていると、器具の操作に気を取られて、周囲の状況に気づきにくいときがあります。だから、まわりに危険なものはないかをよく見て、教えてあげましょう。一緒に歩いているときは、信号が黄色になっても無理せず、青信号になるのを待って、友だちとゆっくりとわたりましょう。

声をかけてから手伝う

体が不自由だからといって、なんでも手を貸すことが、必ずしもよいことだとは限りません。できるだけ、友だちが自分でできることは見守るようにしましょう。何かを手伝いたいときは、「お手伝いしましょうか?」などと声をかけてからにしましょう。

絵や図、ジェスチャーを知る

ことばがうまく話せない友だちは、自分の気持ちを伝えるために、カードやイラストを人に見せることがあります。友だちがどのようなカードを使っているのかを知って、コミュニケーションをする手助けにしましょう。

視線を合わせる

顔に不随意運動がある友だちは、目つきが悪く見えるときがあります。にらんでいるわけではないので怖がったりせず、視線をしっかりと合わせて接しましょう。そうすると、友だちも安心します。

室温や明るさをむやみに調整しない

寒さや暑さにびんかんな友だちもいます。また、明るすぎる照明や、暗すぎる照明が苦手な友だちもいます。教室や施設など、いろいろな人が一緒にすごす空間では、勝手に窓を開けて室温や照明の明るさを調整しないで、まずは先生に相談しましょう。

知っておこう　やってはいけないこと

本人ができることをうばう
手伝うときは「〇〇しようか？」などと聞いてからにしましょう。何にでも手を貸してしまうと、その友だちが本来できることをうばってしまうことになります。

手を強く引く
手を貸すときは、"ゆっくりとやさしく"がポイントです。杖をついている友だちの手をいきなり強く引っ張ると、転倒してしまうことがあります。

近くを走る
杖を使っている友だちの近くを通るときは、落ち着いてゆっくり行動しましょう。そばを走ると、友だちがびっくりして転ぶことがあります。

2 正しく誘導しよう

　肢体不自由のある友だちは、障害の種類や程度によって、手助けしてほしい内容が異なります。だから、手伝う前に必ず「何をしてほしいですか?」「どうやって手伝えばいいですか?」と、本人に聞くようにしましょう。肢体不自由のある友だちが使う器具には、車いすなどのように重くて操作が複雑なものもあるので、無理して手伝おうとすると危険です。手助けが必要なときは、近くにいる大人に声をかけて協力してもらいましょう。

　車いすに乗っている友だちに話しかけるときは、腰をかがめて、視線を合わせるようにすると、気持ちが伝わりやすくなります。手伝うときはゆっくりと、相手のペースに合わせてください。

車いす編

　車いすを押すときは、声をかけてからにしましょう。車いすに乗っている人は、押している人が感じるスピードより速いと感じることがあります。車いすを押すときは、「このくらいのスピードで大丈夫?」などと、必ず確認してください。方向転換するときは、バランスをくずしやすいので、一度停止させるか、速度をゆるめてからにしましょう。せまい場所を通るときは、車いすに乗っている友だちの足先が物にぶつかりやすいので気をつけてください。

「martin bowra/Shutterstock.com」

杖編

　杖を使っている人と一緒に階段を上り下りするときは、相手が転びそうになったときにすぐ助けられるように、立つ位置に気をつけます。階段を上るときはななめうしろに立ち、下りるときはななめ前に立って、横向きに下ります。両手に杖を持っている人が荷物をうまく持てずに困っていたら、「持ちましょうか」と、声をかけてみましょう。

ここが知りたい　このマークを見かけたら

　国際シンボルマークは、世界共通のマークです。このマークがついている建築物や施設は、障害のある人が利用できることを示しています。

　ヘルプマークは、障害のある人などが身につけるマークです。義足や人工関節などを使っていて、外見からわかりにくくても、サポートを必要としていることがまわりに伝えられます。

国際シンボルマーク

ヘルプマーク

3　こういうときはどうする？

両まひのあるゆかりさん
Q 階段を下りているときに手伝いたい

杖をついて階段をゆっくり下りているゆかりさん。危なっかしく見えたので、思わず杖を持っている手を引っ張っちゃった。

- 手を引っ張ると、バランスがくずれ、倒れてケガをすることも。
- 片まひの場合は、まひのある方に立ち、手は出さずに見守ろう。

両まひのあるゆうきくん
Q ドアが引き戸で開けづらそう

両足に軽いまひがあるから、両手に杖を持って歩くゆうきくん。教室の引き戸の前で立ち止まっちゃった。引き戸だから、開けにくいのかも。

- 「開けようか」と声をかける。
- 開けたあとは、ゆうきくんが教室に入るのを見届けてから、引き戸を閉めよう。

アテトーゼ（不随意運動）のあるさやさん
Q 声をかけたらかたまっちゃった

大きな音やざわざわとうるさい音がきらいなさやさん。クラスの男の子がいきなり大きな声で話しかけるから、びっくりして、不随意運動で手足がつっぱって、のけぞっちゃったよ。

- アテトーゼ（不随意運動）があると、大きな音に反応して手足がつっぱってしまい、なかなか戻らない。
- 声をかけるときは、落ち着いた声で。

\ 両まひのあるようたくん /

 ### 近くを走ると危ないよ

歩行器を使って歩くようたくんと、そのまわりで走り回っている男の子たち。歩行器にひっかかったら、ようたくんも転んでしまうから心配だよ。

- 歩行器のまわりで走り回ると、歩行器が引っかかって転んでしまうことがあるので、ようたくんのそばではゆっくりと歩こう。

\ 両まひのあるゆみかさん /

ふり向きざまに転んじゃった

両手で杖を使って廊下を歩いているゆみかさん。うしろから「図書室に行こうよ」と声をかけたら、ふりむきざまに転んでしまったよ。

- いきなりうしろから声をかけられると、びっくりしてしまう。
- ゆみかさんから見える位置（前か横）に立ってから、声をかけよう。

\ アテトーゼ（不随意運動）のあるあおいさん /

 ### 車いすから落ちちゃった

交流学級であおいさんの車いすを押していたんだけど、スピードが速すぎて、車いすから落ちそうになっちゃった。

- 車いすを押すときは、乗っている友だちに「このくらいの速度でいい？」と必ず確認する。
- 急発進、急ブレーキは転倒の原因になるのでしない。

part 9 バリアフリーを始めよう

肢体不自由のある人にとっては、小さな段差やゆるやかな坂でも、大きなバリアになることがあります。どんなことがバリアになってしまうのか、知っておきましょう。

1 4つのバリア

バリアフリーということばを聞いたことがありますか？自分らしく生きていくために、壁（バリア）となるものをなくすことをバリアフリーといいます。

障害のある人には、4つのバリアがあるといわれています。1つ目は、物理的なバリア。車いすの人にとっての階段などのことです。2つ目は、情報のバリア。目や耳が聞こえないと、欲しい情報を受け取れないことがあります。3つ目は、社会的・制度的なバリア。決まりやしきたりなどもそれに含まれます。そして4つ目は、心のバリアです。

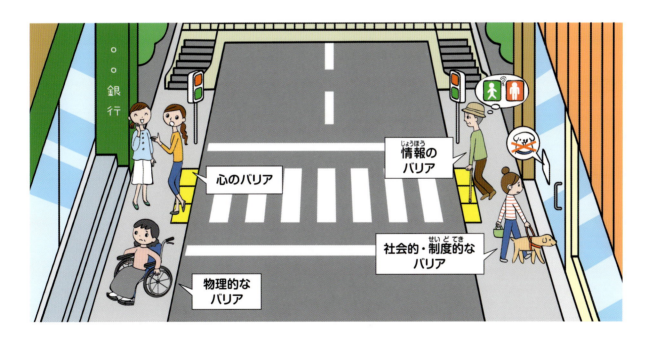

2 バリアフリー

肢体不自由のある友だちにとっての大きなバリアは、物理的なバリアと心のバリアです。

物理的なバリアとは、建物の中やまわりにある段差などのことです。公共施設などで、段差をなくしたつくりが増えてきています。また、交通機関でも、エレベーターやエスカレーターの設置、肢体不自由のある人向けのトイレの整備などが普及してきていて、改善が進んでいます。

心のバリアはへんけんや無理解から来るバリアです。へんけんとは、かたよった見方や考え方のことをいいます。心のバリアをなくすためには、まず障害の特徴を理解することから始めましょう。そして、どんなことが苦手で困難なのかを知り、相手に寄り添うことが大切です。

世界で輝くアスリートたち

4年に1度開催されるオリンピックと同時に、障害のある人のための国際的なスポーツ大会「パラリンピック」も開催されます。どんな競技でどんなアスリートが活躍しているのかを知って、みんなで応援しましょう。

1 パラリンピックとは

パラリンピックとは、障害のあるトップアスリートが出場できる世界最高峰の国際競技大会です。夏季大会と冬季大会があり、それぞれオリンピックの開催年に、オリンピックと同じ都市・同じ会場で行われます。パラリンピックは、多様性を認め、誰もが個性や能力を発揮して活躍できることを象徴するイベントでもあります。

2 どんな選手が活躍しているの?

陸上競技 辻 沙絵 選手

辻選手は、先天的に右ひじから先がない障害があります。小学5年生でハンドボールを始めて、大学進学後に陸上競技に転向。2016年のリオデジャネイロ・パラリンピック競技大会では、陸上女子400mの種目で銅メダルを獲得しました。

車いすテニス 上地結衣 選手

上地選手は、二分脊椎症によって両足にまひがあります。11歳で車いすテニスを始めて、2016年のリオデジャネイロ・パラリンピック競技大会の女子シングルスで銅メダルを獲得しました。車いすテニス女子シングルスでの日本選手では、史上初の快挙です。

知っておこう 公益財団法人 日本障がい者スポーツ協会とは

日本における、障害のある人のスポーツの普及・振興を目的とした組織です。1964年に日本で初めて開催されたパラリンピック東京大会がきっかけとなり、その翌年、スポーツを通して自立や社会参加を促進するために創立されました。

協会の主な事業は、アスリートの育成や強化、日本選手団の派遣などのパラリンピック関係です。ほかに、障害のある人が生涯スポーツを楽しむために、さまざまな講習会や大会の開催、指導者の育成など、幅広い活動をしています。

3 肢体不自由のある人はどんな競技に出ているの？

パラリンピックは、肢体不自由、知的障害、視覚障害などのある人たちが対象の大会です。夏季大会の競技は20種以上あります。その中でも肢体不自由のある人が出場できる競技を紹介します。

アーチェリー
的を狙って矢を放ち、当たった場所によって得られる得点で勝敗を競います。

陸上競技
100m走や800m走のようなトラック種目のほかに、マラソンのような道路を使う種目があります。

ボッチャ
白いボールに向けて、赤と青のボールを投げたり転がしたりして、どれだけ近づけるかを競います。

カヌー
200mの距離で競います。障害の程度によって、3つのクラスに分かれています。

自転車競技
ロード（タイムトライアルなど）と、トラック（個人追い抜きなど）に分かれています。

馬術
規定演技を行うチャンピオンシップとフリースタイルの2種目。個人戦と団体戦があります。

パワーリフティング
上半身の力を使って、バーベルを持ち上げ、その重量の記録を競います。試合は体重別。

ボート
ボートをこぎ、ゴールに着くまでの速さを競います。3種目4つの競技があります。

射撃
ふたつの射撃スタイルで、ライフルやピストルで的をうちぬき、得点を競います。

バドミントン
シングルス（男子・女子）、ダブルス（男子・女子）、混合ダブルスで競います。

シッティングバレーボール
床におしりをつき、座った姿勢でプレーする6人制のバレーボールです。

水泳
自由形、平泳ぎ、背泳ぎ、バタフライ、個人メドレー、メドレーリレー、フリーリレーで競います。

卓球
一般の競技規則に沿いますが、障害の種類、程度によって、ルールを調整します。

トライアスロン
水泳、自転車、長距離走を連続して行います。障害に応じて、道具の使用や、用具の改造をします。

車いすフェンシング
座った状態で行います。剣のコントロールとスピードが勝負を分けるポイントになります。

ウィルチェアーラグビー
車いす同士で防御やタックルをする激しいスポーツです。1チーム4人で行います。

車いすテニス
用具やルールは、一般のテニスと変わりません。テニスの技と車いすの操作の素早さが必要です。

車いすバスケットボール
バスケットボールの技と車いすの操作の素早さを競うスポーツ。車いすならではのルールがあります。

※2020年の東京パラリンピック競技大会で実施される予定の競技のうち、2016年のリオデジャネイロ・パラリンピック競技大会で肢体不自由が対象障害だった競技を紹介しています（2017年3月時点）。2020年の東京パラリンピック競技大会に新種目として加わる「テコンドー」も、肢体不自由が対象障害になる可能性があります。

支援する団体

肢体不自由のある友だちを支援する団体を紹介します。これらの団体は、支援活動のほか、さまざまな広報活動や交流活動などをしています。

1 社会福祉法人 日本肢体不自由児協会
肢体不自由　全国規模

「手足の不自由な子どもを育てる運動」として、毎年寄付金を募集して、肢体不自由のある子どものためにさまざまな事業をしている。寄付金は、療育キャンプや療育相談、障害のある人のスポーツや文化芸術活動のためにも使われている。

[問い合わせ]ホームページの「お問い合わせフォーム」から連絡する。
http://www.nishikyo.or.jp/

2 一般社団法人 全国肢体不自由児者父母の会連合会
肢体不自由　全国規模

47都道府県すべてにある「肢体不自由者父母の会」のある連合体。地域単位で、障害のある子に療育キャンプ、訓練、レクリエーションなどを実施している。障害のある人への理解が広まるように、国際交流などを積極的にしている。

[問い合わせ]ホームページの「お問い合わせ・お申込み」でメールする。
https://www.zenshiren.or.jp/

3 社会福祉法人 全国重症心身障害児(者)を守る会
重症心身障害　全国規模

重症心身障害とは、重度の肢体不自由と重度の知的障害が重複した状態のこと。「最も弱いものをひとりももれなく守る」を基本理念に、全国に支部を置いて、幼児から成人までの重症心身障害のあるすべての人を支援している。

[詳細]ホームページの「会員のお申込み」を参照。
http://www.normanet.ne.jp/~ww100092/

4 先天性四肢障害児父母の会
先天性四肢障害　全国規模

生まれつき手足や耳などに障害をもっている子どもたちと家族の会。いのちの重さに差をつけず、おたがいのありのままの姿を認め合える社会を目指して、「みんな、おなじ いのちの仲間」というメッセージを発信している。

[問い合わせ]ホームページの「入会のご案内」からメールする。
https://www.fubonokai1975.net/

5 全国肢体不自由特別支援学校PTA連合会
肢体不自由　全国規模

肢体不自由のある子を対象とした、特別支援学校のPTA連合会の会員の協調と、全国の特別支援教育・肢体不自由教育の向上・発展を目的とした会。肢体不自由のある子どもと親の未来の暮らしを考えて、研修会や事業などをしている。

[お問い合わせ]ホームページを参照。
http://zspi.jp

6 一般社団法人 日本筋ジストロフィー協会
筋ジストロフィー　全国規模

筋ジストロフィーのある人と家族のための会。患者の療養生活の状態の改善とサポートをしながら、多くの人に筋ジストロフィーという病気について知ってもらうために、ホームページでの情報発信や勉強会などをしている。

[問い合わせ]ホームページの「入会用資料請求」を参照。
http://www.jmda.or.jp/

さくいん

ア行

- アテトーゼ ……………………………………… 8, 14, 15, 31, 32
- アビリンピック ……………………………………………… 27
- 医師 …………………………………………………………… 24
- 院内学級 ……………………………………………………… 16
- VOCA ………………………………………………………… 22
- 運動まひ ……………………………………………………… 7
- 絵カード ……………………………………………………… 22
- SRC歩行器 …………………………………………………… 21
- エルボークラッチ ………………………………………… 16, 21

カ行

- 介助犬 ………………………………………………………… 21
- 階段昇降機 …………………………………………………… 23
- 片手リコーダー ……………………………………………… 23
- 片まひ ……………………………………………………… 7, 12
- 看護師 ………………………………………………………… 24
- 義肢装具士 …………………………………………………… 24
- 義手 ………………………………………………… 7, 19, 22, 24, 27
- 義足 ………………………………………………… 7, 19, 22, 24, 27, 30
- 筋ジストロフィー ………………………………… 8, 9, 18, 36
- クッションチェア …………………………………………… 22
- 車いす ……………… 4〜7, 8, 10, 18〜20, 22, 23, 27, 28, 30, 32, 33, 35
- 言語聴覚士 …………………………………………………… 24
- 国際シンボルマーク ………………………………………… 30
- 心のバリア …………………………………………………… 33

サ行

- 作業療法士 …………………………………………………… 24
- 四肢の短縮欠損 ……………………………………………… 7
- 四肢まひ ……………………………………………………… 7
- 肢帯型筋ジストロフィー …………………………………… 9
- 肢体不自由 ………………………………………………… 6〜8, 10
- 社会的・制度的なバリア …………………………………… 33
- 情報のバリア ………………………………………………… 33
- 職業訓練校 ……………………………………………… 4, 17, 27
- 人工関節 ……………………………………………………… 30
- 身体障害者手帳 ……………………………………………… 27
- スロープ ……………………………………………………… 23
- 脊髄 ……………………………………………………… 4, 6, 9, 10
- 脊椎 …………………………………………………………… 8, 9

37

タ行

単まひ	7
知的障害	6, 8, 9, 16, 18, 26, 27
通級	16, 17
通常学級	16, 17
杖	6, 8, 10, 13, 16, 18, 19, 21, 27, 28～32
デュシェンヌ型筋ジストロフィー	9
特別支援学級	16, 17
特別支援学校	16～18, 25, 27
特別支援教育	16

ナ行

二分脊椎症	8, 9, 18, 34
脳	6, 8, 10
脳性まひ	8, 12, 18
ノーマライゼーション	28

ハ行

パラリンピック	34, 35
バリアフリー	18, 23, 26, 27, 33
PCW歩行器	21
福山型先天性筋ジストロフィー	9
不随意運動	7, 8, 11, 12, 14, 15, 29, 31, 32
物理的なバリア	33
ベッカー型筋ジストロフィー	9
ヘルプマーク	30
ボランティア	25

マ行

マジックハンド	22
まひ	4, 7, 8, 10～13, 31

ヤ行

ユニバーサルデザイン	23, 26

ラ行

理学療法士	24
リハビリセンター	24
両まひ	7, 13, 31, 32
臨床心理士	24

監修

笹田 哲（ささだ さとし）
神奈川県立保健福祉大学 教授／作業療法士

神奈川県立保健福祉大学保健福祉学部リハビリテーション学科作業療法学専攻教授。保健学博士。作業療法士として学校に訪問し、子どもたちの学習支援に取り組んでいる。『発達が気になる子の「できる」を増やすからだ遊び』（小学館）、『気になる子どものできた！が増える３・４・５歳の体・手先の動き指導アラカルト』『気になる子どものできた！が増える 書字指導アラカルト』（以上、中央法規出版）などの著書、監修書がある。

製作スタッフ

編集・装丁・本文デザイン
株式会社ナイスク　https://naisg.com
松尾里央　石川守延　飯島早紀　工藤政太郎

DTP
HOPBOX

イラスト
アタフタグラフィックス

取材・文・編集協力
白鳥紀久子

写真撮影
荒川祐史　中川文作

校閲
株式会社東京出版サービスセンター

商品提供・取材協力・写真提供

小松原仁
神奈川県立えびな支援学校
よこはま港南地域療育センター
NPO法人障害者雇用部会
Shutterstock.com
アマナイメージズ
クリスタル産業株式会社
パシフィックサプライ株式会社
株式会社有薗製作所
大同工業株式会社
東京都教育委員会
東京都福祉保健局
公益財団法人 日本障害者リハビリテーション協会
公益財団法人 日本障がい者スポーツ協会

参考文献・サイト

『ふしぎだね!? 身体障害のおともだち』日原信彦 監修（ミネルヴァ書房）

『未来に広がる福祉の仕事４ 体の不自由な人を支援する「福祉の仕事」』一番ヶ瀬康子、日比野正己 監修・指導（学研プラス）

「肢体不自由特別支援学校におけるキャリア教育の充実」平成23年３月 東京都教育委員会
https://www.kyoiku.metro.tokyo.jp/buka/shidou/tokubetsushien/23career.pdf

「肢体不自由の方の就職・雇用事例」LITALICOホームページ
https://works.litalico.jp/interview/case/physical_disability/movement-disorder/

日本パラリンピック委員会ホームページ
https://www.jsad.or.jp/paralympic/

日本障がい者スポーツ協会ホームページ
https://www.jsad.or.jp/

東京都 パラリンピック選手発掘プログラムホームページ
https://www.para-athlete.tokyo/

日本体育大学公式サイト Rio2016出場選手紹介 辻沙絵
https://www.nittai.ac.jp/olympic/rio/player/tsuji/

エイベックス公式サイト チャレンジドアスリート 所属選手紹介 上地結衣
https://www.avex-athlete.jp/introduction/sp/kamijiyui.html

文部科学省ホームページ
https://www.mext.go.jp/

厚生労働省ホームページ
https://www.mhlw.go.jp/

東京都福祉保健局ホームページ
https://www.fukushihoken.metro.tokyo.jp/

独立行政法人 高齢・障害・求職者雇用支援機構ホームページ
https://www.jeed.or.jp/

知ろう！学ぼう！障害のこと
肢体不自由（したいふじゆう）のある友だち

初版発行	2017年3月　第4刷発行　2023年11月
監　修	笹田哲
発行所	株式会社金の星社
	〒111-0056　東京都台東区小島1-4-3
電　話	03-3861-1861（代表）
ＦＡＸ	03-3861-1507
振　替	00100-0-64678
ホームページ	https://www.kinnohoshi.co.jp
印刷・製本	図書印刷株式会社

40p 29.3cm NDC378 ISBN978-4-323-05657-9
©ATFT GRAPHICS. NAISG Co.,Ltd., 2017
Published by KIN-NO-HOSHI-SHA Co.,Ltd, Tokyo, Japan.
乱丁落丁本は、ご面倒ですが、小社販売部宛にご送付ください。
送料小社負担にてお取替えいたします。

JCOPY 出版者著作権管理機構 委託出版物

本書の無断複写は著作権法上での例外を除き禁じられています。複写される場合は、そのつど事前に出版者著作権管理機構（電話 03-5244-5088　FAX03-5244-5089　e-mail: info@jcopy.or.jp）の許諾を得てください。
※ 本書を代行業者等の第三者に依頼してスキャンやデジタル化することは、たとえ個人や家庭内での利用でも著作権法違反です。

知ろう！学ぼう！障害のこと

【全7巻】シリーズNDC：378　図書館用堅牢製本　金の星社

LD(学習障害)・ADHD(注意欠如・多動性障害)のある友だち
監修：笹田哲(神奈川県立保健福祉大学 教授／作業療法士)

LDやADHDのある友だちは、何を考え、どんなことに悩んでいるのか。発達障害に分類されるLDやADHDについての知識を網羅的に解説。ほかの人には分かりにくい障害のことを知り、友だちに手を差し伸べるきっかけにしてください。

自閉スペクトラム症のある友だち
監修：笹田哲(神奈川県立保健福祉大学 教授／作業療法士)

自閉症やアスペルガー症候群などが統合された診断名である自閉スペクトラム症。障害の特徴や原因などを解説します。感情表現が得意ではなく、こだわりが強い自閉スペクトラム症のある友だちの気持ちを考えてみましょう。

視覚障害のある友だち
監修：久保山茂樹／星祐子(独立行政法人 国立特別支援教育総合研究所 総括研究員)

視覚障害のある友だちが感じとる世界は、障害のない子が見ているものと、どのように違うのでしょうか。特別支援学校に通う友だちに密着し、学校生活について聞いてみました。盲や弱視に関することがトータルでわかります。

聴覚障害のある友だち
監修：山中ともえ(東京都調布市立飛田給小学校 校長)

耳が聞こえない、もしくは聞こえにくい障害を聴覚障害といいます。耳が聞こえるしくみや、なぜ聞こえなくなってしまうかという原因と、どんなことに困っているのかを解説。聴覚障害をサポートする最新の道具も掲載しています。

言語障害のある友だち
監修：山中ともえ(東京都調布市立飛田給小学校 校長)

言葉は、身ぶり手ぶりでは表現できない情報を伝えるとても便利な道具。言語障害のある友だちには、コミュニケーションをとるときに困ることがたくさんあります。声が出るしくみから、友だちを手助けするためのヒントまで詳しく解説。

ダウン症のある友だち
久保山茂樹(独立行政法人 国立特別支援教育総合研究所 総括研究員)
村井敬太郎(独立行政法人 国立特別支援教育総合研究所 主任研究員)

歌やダンスが得意な子の多いダウン症のある友だちは、ダウン症のない子たちに比べてゆっくりと成長していきます。ダウン症のある友だちと仲良くなるためには、どんな声をかけたらよいのでしょうか。ふだんの生活の様子から探ってみましょう。

肢体不自由のある友だち
監修：笹田哲(神奈川県立保健福祉大学 教授／作業療法士)

肢体不自由があると、日常生活のいろいろなところで困難に直面します。困難を乗り越えるためには、本人の努力と工夫はもちろん、まわりの人の協力が大切です。車いすの押し方や、バリアフリーに関する知識も紹介しています。